# 中小户型

## 创意方案设计 2000例

◎锐扬图书/编

SMALL FAMILY CREATIVITY PROJECT
DESIGN 2000 EXAMPLES

NEW!

# 客 厅

中国建筑工业出版社

**图书在版编目（CIP）数据**

中小户型创意方案设计2000例　客厅/锐扬图书编.－－北京：
中国建筑工业出版社，2012.9
ISBN 978-7-112-14624-6

Ⅰ.①中… Ⅱ.①锐… Ⅲ.①客厅－室内装修－建筑
设计－图集　Ⅳ.①TU767-64

中国版本图书馆CIP数据核字（2012）第202532号


责任编辑：费海玲　张幼平
责任校对：党　蕾　陈晶晶

中小户型创意方案设计2000例
# 客　厅
锐扬图书/编

\*

中国建筑工业出版社出版、发行（北京西郊百万庄）
各地新华书店、建筑书店经销
北京锐扬图书工作室制版
北京方嘉彩色印刷有限责任公司印刷

\*

开本：880×1230毫米　1/16　印张：6　字数：186千字
2013年1月第一版　2013年1月第一次印刷
定价：29.00元
ISBN 978-7-112-14624-6
（22668）

# FORE WORD 前 言

　　所谓中小户型住宅即指普通住宅，户型面积一般在90m²以下。在建设节能、经济型社会的大背景下，特别是在国内土地资源有限、城市化进程加速发展、房价居高不下的情况下，中小户型已经成为城市住宅市场的主流。

　　由于中小户型在国内设计中还处于初级阶段，对于中小户型而言，较高的空间利用率显得更为珍贵，户型设计也就更为重要。人们对住宅的使用功能、舒适度以及环境质量也更加关心。中小户型不等于低标准，不等于不实用，也不等于对大户型的简单缩小和删减，在追求生活品质的今天，只有提高住宅质量，提高住宅性价比，中小户型住宅才能有生命力，才会得到消费者的认可。要提升中小户型产品的品质和适应性，应该抓住影响和决定这些指标的要点，通过要点的解析，优化设计，达到"克服面积局限、优化户型"的根本目标。即使面积小，但只要通过精细化设计，依然可以创造出优质的居住空间。

　　《中小户型创意方案设计2000例》系列图书分为《客厅》、《门厅过道　餐厅》、《背景墙》、《顶棚　地面》、《卧室　休闲区》5个分册，全书以设计案例为主，结合案例介绍了有关中小户型装修中的风格设计、色彩搭配、材料应用等最受读者关注的家装知识，以便读者在选择适合自己的家装方案时，能进一步提高自身的鉴赏水平，进而参与设计出称心、有个性的居家空间。

　　本书所收集的2000余个设计案例全部来自于设计师最近两年的作品，从而保证展现给读者的都是最新流行的设计案例。是业主在家庭装修时必要的参考资料。全文采用设计案例加实用小贴士的组织形式，让读者在欣赏案例的同时能够及时了解到中小户型装修中各种实用的知识，对于业主和设计师都极富参考价值。本书适用于室内设计专业学生、家装设计师以及普通消费大众进行家庭装修设计时参考使用。

# CONTENTS 目录

# 客 厅

## Living Room

Comment on Design

客厅顶棚的黄色灯光体现了实用和装饰功能。

## 如何设计简洁的小客厅?

面积较小的客厅设计一定要简洁,如果置放几件橱柜,将会使小空间更加拥挤。如果在客厅中摆放电视机,可将固定的电视柜改成带轮子的低柜,以增加空间利用率,而且还具有较强的变化性。小客厅中可以使用装饰品或摆放花草等物品,但应力求简单,能起到点缀效果就行,尽量不要放铁树等大盆栽。很多人希望小客厅装饰后具有宽敞的视觉效果,对此,可在设计顶棚时不做吊顶,将门厅设计成通透的等,以尽量减少空间占用。

Comment on Design

客厅的大空间可以利用吊顶及灯光来划分，充分营造不同使用功能的空间范围。

Comment on Design

中式风格的茶几和中式图案的隔断拉门，与客厅空间的圆形图案装饰形成现代与传统的和谐呼应。

Comment on Design

米黄色的沙发与墙面装饰图案遥相呼应，在水晶吊灯的照耀下，尽显温馨浪漫。

## 中小户型客厅如何增容？

　　把小客厅"扮大"，关键是在功能上和视觉上进行巧妙的设计，以此来获得增容的效果。比如，家具不需多，小面积客厅里最简单的组合就是放置一对传统的单人沙发和一只双人沙发，既实用又可随意移动位置；色彩要明快，在客厅运用明亮的色调，选一幅以海洋或森林为题材的油画或水彩画，也能获得小空间扩大之感；巧用灯光，在墙上运用玻璃砖，利用灯光在其上的折射或散射光，可增加室内光线的变化和层次。

Comment on Design

黑、白、红三种经典颜色在家装中搭配是不错的选择，饱满的色彩为空间带来生机。

Comment on Design

客厅中装饰设计使用了不同的色调和图案，活跃了空间，突出了个性。

Comment on Design

淡粉色的沙发给简约风格的空间增添了细腻、柔和、温暖的感觉。

## 小客厅的布置技巧有哪些？

1.少用大型的酒柜、电视柜等，以使空间的分割单纯化。如果大型家具十分需要，则以往角落放置为好。

2.使客厅、餐厅呈半开放的格局。打掉隔墙，以具有储藏功能的收纳柜来分隔空间。

3.充分运用轨道式拉门方便的特点，增强空间的功能性。

4.妥善运用装饰布，可营造温馨的居家空间。

Comment on Design

背景墙上色彩鲜艳的抽象艺术壁画不但可以美化空间, 还可打破空间的单调沉闷。

Comment on Design
空间中灯具的运用唯美巧妙，光线透过玻璃灯罩洒出柔和的光线，这就是一种感官上的"SPA"。

Comment on Design

黑色的水晶吊灯与白色的羊毛地毯上下呼应，平衡了空间的色调。

## 使客厅看起来显得大的技巧

1. 多用浅的颜色；

2. 让灯光自下而上柔和地照射在客厅的顶棚上，避免直接投射的灯光照在人脸上，这很容易产生空间局促感和压抑感；

3. 利用空间的死角，摆放小型家具；

4. 在墙面上相间地涂上两种浅暖色的线条，线条与地面平行。

Comment on Design

绿色手绘图案与红色吊灯灯罩形成对比，给人带来视觉刺激，也注入了时尚气息。

Comment on Design

简约抽象的壁面装饰和一盆绿色植物, 是点睛之笔, 给您的家庭带来勃勃生机。

Comment on Design

简约风格的客厅中，不同的装饰画可以起到美化空间的作用。

Comment on Design

黑白灰色调的客厅,用暗红色的靠垫包和银色装饰品来装点空间,透出了简约时尚感。

## 中小户型装饰品摆放应注意什么？

　　"少就是多"的设计概念，是中小户型设计的基本法则。局部的"单调"才对比出整体的精彩，使整体更加完整。小空间的墙面要尽量留白，因为为了保障收纳空间，房间中已经有很多高柜，如果在空余的墙面再挂饰品或照片，就会在视觉上过于拥挤。如果觉得墙面缺乏装饰而缺少情趣，可以按照房间内主色调中的一个色彩选择饰品或装饰画，在色调上一定不要太出格，不要因为更多色彩的加入而让空间显得杂乱。适当地降低饰品的摆放位置，让它们处于人体站立时视线的水平位置之下，既能丰富空间情调，又能减少视觉障碍。

Comment on Design
电视镶嵌在整块大理石墙面里，给人以全新的视觉感受。

Comment on Design

有时不需要任何多余的饰物，一面肌理丰富的大理石墙面就可以照亮整个空间。

Comment on Design

客厅展现了简约的家居设计风格，遵循了风格的统一、色调的统一，甚至是信仰的统一，是发自人们内心的对于同一类事物的认可和接受。

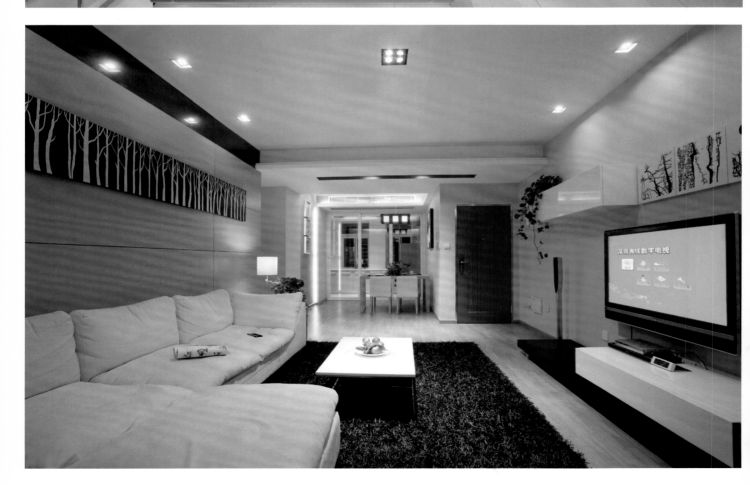

Comment on Design

空间简约, 色彩与个性就要跳跃出来。苹果绿的点缀、镂空的沙发, 这不单是对简约风格的遵循, 也是个性的展示。

## 客厅照明如何设计更合理?

　　客厅是家中最大的休闲、活动空间,要求明亮而舒适。一般客厅会运用主照明和辅助照明相互搭配的方式来营造空间的氛围。主照明常见的有吊灯或吸顶灯,使用时需注意上下空间的亮度要均匀,否则会使客厅显得阴暗,让人感觉不舒服。另外,也可以在客厅周围增加隐藏的光源,比如吊顶上面的隐藏式灯槽,使客厅空间显得更为高挑。

　　客厅的灯光多以黄光为主,光源色温最好在2800～3000K。也可考虑将白光及黄光互相搭配,借由光影的层次变化来调配出不同的空间氛围。

　　客厅的辅助照明设施主要是落地灯和台灯,它们是局部照明以及加强空间造型最理想的灯具。沙发旁边的台灯光线要柔和,最好用落地灯做阅读灯。但是落地灯的电源可不是到处都有,电线到处牵扯也不好看,所以落地灯的位置最好放置在一个固定的区域。

Comment on Design

黑色纱幔的艺术吊灯给简约风格的空间带来了时尚元素,使空间变得更加有韵味。

Comment on Design

一幅荷花画作与造型现代、简约的大理石背景墙隔岸相对，定格出远古与现代对望的情境。

Comment on Design

方正的客厅空间结构、素雅稳重的色调，是成功人士的最爱。

Comment on Design

在使用现代中式家具时，加上各种软垫
或抱枕，可让房间增色不少，让空间展现
宁静氛围。

## 客厅中射灯数量不宜过多

在家庭装修时，许多工薪家庭都追求灯光带来的亮丽效果，他们在家庭装修时总是尽可能地要求多装射灯。其实这是一个误区。首先，射灯过多很容易造成安全隐患，小小的射灯看似瓦数不大，但它们在小小的灯罩内很容易积聚热量，短时间内即产生高温，时间一长易引发火灾。其次，射灯通常只有在客人来时才会打开，或者到逢年过节才用，平时基本不开。许多人装了射灯后都比较后悔，认为这笔钱花得冤枉。

Comment on Design

红色调的沙发、弧形的地灯和圆形的艺术吊灯，这些都为简约空间增添了个性时尚的感觉，活跃了空间气氛。

Comment on Design
"新中式"通过中式
风格的特征，表达了
对清雅含蓄、端庄丰
华的东方式精神境界
的追求。

Comment on Design

黑白色调的空间用红色来点缀，营造
超酷格调的空间。

Comment on Design

紫色的沙发、苹果绿的墙面、实木地板，清新的田园气息扑面而来，仿佛生活在都市中的村庄一般恬静平和。

## 中小户型的光源设计宜下不宜上

多数家庭最习惯的光源位置自然是在顶棚上，但是在中小户型里，如果能大胆地把光源放在地面上，那么在居室视觉的扩展上便能起到意想不到的效果。自下而上的光源设计，能让居室纵向的空间显得更加宽阔一些，比光线直接打到脸上更能减少紧凑感。如果一定要选择上光源的话，也可以选择那种可以折成曲线状的灯具，如卤素拉丝灯等。这种曲线光源能让光线尽可能多地扩散到房间的每一个角落，不会产生太多暗角，能带给人透亮宽敞的感觉。

Comment on Design

绿色的沙发与黄色的靠垫包共同演绎着清新、亮丽、鲜活的风格。

Comment on Design

草绿色的墙面装饰与沙发遥相呼应,让室内充满蓬勃生机。

## 背阴客厅的顶棚照明处理技巧

　　有些缺乏阳光照射的客厅，日夜皆暗，暮气沉沉，久处其中容易情绪低落。这时可以在顶棚的四边木槽中暗藏日光灯来加以弥补。光线从顶棚折射出来不会刺眼，而日光灯所发出的光线最接近太阳光，对于缺乏天然光的客厅最为适宜。日光灯与水晶灯可并行不悖，白昼用日光灯来照明，晚间则可点亮金碧辉煌的水晶灯。

Comment on Design

黄绿相间的靠垫包与黑白条纹的地毯相呼应，为空间注入了时尚潮流元素。

无论在色彩还是装饰造型上，只要留心相互的呼应，就可以营造出和谐统一的格调。

## 中小户型的家具宜简不宜繁

　　中小户型居室在家具安排上一定不要贪大，要量力而行，力求简约。在家具的摆放上也有一定学问，要事先考虑到人行通道与家具之间的关系，让家具与主人活动的空间保持一定距离，尽量避免在空间上发生冲突。同时，可以在居室的角落里摆放一些小型家具，如花架、角柜等，既能充分利用空间存放物品，还能起到展示作用。

Comment on Design

从墙面到地面的黑白相间的艺术图案，造型上也有异曲同工之妙。

Comment on Design

用橙色和红色来装点两面背景墙，给人们带来视觉的冲击和色彩的盛宴。

## 小客厅装修如何省钱

　　客厅地面可采用造价便宜、工艺上已有多种艺术装饰手段的水泥做装饰材料；墙面可不做背景墙，利用肌理涂料、水泥造型及整体家具代替单独的背景墙；购买整体家具可以省去做电视背景墙的费用；客厅吊顶可以简单化，甚至可以不做吊顶。小客厅可以利用色彩素雅明亮的墙面涂料让空间显得更加宽敞。

Comment on Design

绿色植物不但是室内维护人体健康的卫士，而且能加强客厅的空间层次感和整体文化品位。

Comment on Design

黑白色调艺术花纹背景墙在灯光的晕染下，更散发出个性的艺术气息。

Comment on Design
绿色植物给黑白灰色调的空
间带来了勃勃生机。

## 中小户型的装修色彩宜淡不宜浓

　　现在有很多人都愿意给自己的居室涂上一些彰显个性的色彩，但如果是中小户型，使用那些过于饱满和凝重的色彩，很容易就会让人产生压迫和局促的感觉。相反，冷色调中比较明亮的颜色对于中小户型而言就显得恰如其分了，这些色彩能够带给人扩展、后退的视觉感受，让人觉得空间比实际更大一些。

Comment on Design
橙色的靠垫和色彩鲜艳的装饰画与绿色植物和谐呼应，活跃了单调的空间。

绿色的墙面和蓝色的沙发配以灯光的映射, 任谁都会过目不忘, 这就是大胆出位的色彩搭配。

Comment on Design
红色花朵的装饰画与绿色
装饰壁纸形成对比，营造
出了体现主人个性的舒适
空间。

Comment on Design

水晶珠帘状的吊灯增加了空间的美感，丰富了视觉感受。

## 中小户型空间利用的五大诀窍

1. 向上发展：如果房子足够高，可利用其多余的高度隔出顶棚夹层，加上折叠梯作为储藏室之用。挑高的房子更可做出夹层楼板，多出一至两个房间。

2. 往下争取：利用高架地板的阶梯处设计出抽屉、鞋柜等。将床的高度提高，床下的空间就可设计为抽屉、矮柜。利用小孩双层高架床的床下位置设置书桌、书架、玩具柜、衣柜等。沙发椅座底下亦是可以利用的地方。

3. 弹性运用：家具具有多功能用途，也是节省空间的一大妙方，如沙发床、折叠床、折叠桌、折叠椅等。

4. 重叠使用：使用抽屉床、可拉式桌板、可拉式餐台、双层柜、抽屉柜等家具，充分利用空间的净高，增加房间的使用面积。

5. 死角活用：常常被人忽略的死角，往往会有出乎意料的巧妙用途，比如楼梯踏板可做成活动板，利用台阶做成抽屉；楼梯间亦可充分发挥空间利用的功效，靠墙的一侧可作为展示柜；楼梯下方则可设计成架子及抽屉，实现收纳的功能。

Comment on Design

客厅中的装饰融合了红与绿、黑与白、方形与圆形的对比，突出设计感，使空间生动起来。

Comment on Design
木桌椅和绿色小植物，布艺靠垫，花纹图案的淡雅壁纸，增添了浪漫情调，使整个屋子随时保持干净温馨的家居氛围。

Comment on Design

不同图案、色调、花饰的沙发靠垫与墙面的装饰壁纸相互协调，似乎带来了一股田园之风。

## 中小户型装修配色黄金定律（1）

　　墙面配色不得超过三种，否则会显得很凌乱。

　　金色、银色在居室装修中是万能色，也是秋冬装修最常用的，可以与任何颜色搭配，用在任何功能空间。

　　用颜色营造居室的层次效果，通用的原则是墙浅、地中、家具深；或者是墙中、地深、家具浅。

　　餐厅尽量使用暖色调，红色、橘黄色都能增加食欲。

Comment on Design

绿色的沙发靠垫与绿色植物相得益彰,美化装饰空间,带来了雅致清新的感觉。

Comment on Design

大理石和玻璃构造的背景墙与中国书法的地毯遥相呼应，完全是混搭效果的个性空间。

Comment on Design

黑白相间的装饰画彰显着一种独特的质感，丰富了空间的颜色，也让居室充满艺术气息。

## 中小户型装修配色黄金定律（2）

卫生间最好用暖色装修，不要用黑色或者深蓝色，因为房子小，用这两种颜色越发有阴冷的感觉。

大红、大绿不要出现在同一个房间内，这样看起来易显俗气。

想制造简约、明快的家居品位，小房子就不要选用那些印有大花小花的东西，比如壁纸、窗帘等，尽量用纯色设计，增加居室空间感。

顶棚的颜色应浅于墙面，或与墙面同色，否则居住其间的人会有"头重脚轻"的感觉，时间长了，甚至会产生呼吸困难的错觉。

Comment on Design
新古典风格从简单到繁杂、从整体到局部，精雕细琢，给人一丝不苟的印象。

Comment on Design

黑白相间艺术图案的靠包，像律动的音符，使人产生错落的视觉美感。

## 怎样利用手绘墙弥补室内空间的不足？

　　一些室内空间由于结构上的需要或是功能上的需求，局部存在视觉缺陷，这时候就可以采用手绘的方式来补救。当今的很多开发商为了节省空间，套内结构都显得很拥挤、凌乱，为了更大的利润、为了能在一定的面积中设计出更多的户型，出现了很多不规矩的户型。另外，一些原本整洁的区域内出现了管道等不和谐的因素。这些先天就有缺陷的空间需要一些有针对性的手绘墙来弥补。我们可以画出在管道上爬满植物的形象，从而使得管道不那么突兀、刺眼；可以在建筑结构不整齐的地方画上装饰物，从而使不整齐的墙体合理化等等。

Comment on Design

看似简约的空间没有太多特别之处，抬头望去，一个现代感极强的水晶吊灯点亮了整个空间。

Comment on Design

金色的艺术壁纸使简约风格的客厅空间更具有典雅韵味。

Comment on Design

墙面上手绘蓝色花草的图案，与沙发和地毯的图案相互渲染和融合，给人温婉含蓄，甜美浪漫的感觉。

Comment on Design

在中性色调过于浓重的房间中加入一些绿色植物,可以消除沉闷感。

## 让居室更显宽敞的装饰方法（1）

　　壁画装饰法：光线较好的墙面上布置几张画面深远、富有立体感的风景画，不但可使居室格调高雅，还可增加视野的开阔度。

　　增加采光法：如果条件允许，可将窗户改成落地窗或在一定程度上扩大窗户的面积，房间光线充足可使视觉空间增加，从而让人觉得房间面积变大了许多。

Comment on Design

房间中硬朗的线条，可以用圆形的吊灯来缓解这种视觉上的尖锐感。

Comment on Design
白色调的空间简洁、干练，一盆绿色植物给客厅带来了勃勃生机。

Comment on Design
客厅以淡绿色、黄色、白色为主，给人一种春意盎然的清新感觉。

## 让居室更显宽敞的装饰方法（2）

　　巧用空间法：层高较高的居室，可以利用空间高度，在顶棚四周制作一圈吊柜，使家具高空化，如与顶棚装饰巧妙结合，则还能使其成为整体装饰的一部分，实用而且美观。或建几平方米的小阁楼，可用来休闲或放置一些使用不太频繁的物品。

　　色彩调节法：光线较暗的小居室，应该在装饰色彩与光线上下工夫，如墙面涂成原色，并尽量使用一些白色或原色的家具，可使光线得到明显的改善，使居室显得宽敞些。

Comment on Design

色彩鲜艳的装饰画与沙发靠包为客厅空间增添了清新浪漫的气息。

Comment on Design

原木的色调看起来温馨自然, 能带给人亲近大自然的美好感受。

Comment on Design

水晶吊灯、绿色植物、玻璃花瓶等饰品，为空间增添了别样的灵动气质、时尚而不失自然。

Comment on Design

客厅通过装饰材料和家
具艳丽丰富的色彩,可
以把豪爽热情的性格表
现得淋漓尽致。

## 让居室更显宽敞的装饰方法（3）

玻璃反射法：墙上装一整面的玻璃，通过玻璃的反射作用和人的视觉差异，可使房间有扩大一倍的感觉，特别是狭长的房间，在两侧装上玻璃，效果更好。

雅趣悦目法：居室狭小，可在布置上更加精心布局，如挂一些小型的工艺品或字画，再配上几盆花草盆景，可增添雅趣和开阔视野，使人犹如置身大自然之中。

Comment on Design

黑白灰体现了"知性诱惑",是典型的现代简约风格,这种风格的特点是简洁明快,实用大方。

金属亮片的时尚个性吊灯与背景墙的手绘梅花图案，增添了空间的视觉美感。

Comment on Design

狭长的客厅空间配以简洁的设计，米黄色的沙发、黄色的靠垫相互呼应，轻柔的色彩给人一股淡淡的暖意和轻松。

## 让居室更显宽敞的装饰方法（4）

　　家具活动法：尽量采用活动式家具，如折叠床、折叠椅等，用时可打开，不用时可折起，这样可大大减少家具的占地面积。有条件者，可将房门建成左右推拉式的，也可使居室变大。此外，每隔一段时间，将家具位置合理地移动一下，会增加视觉上的宽敞感。

　　窗帘增大法：可以将居室中的窗帘扩大至一面墙壁一样大，使人有一种窗大即房大的感觉。

Comment on Design

黑白灰色调的沙发，淡蓝色壁纸与实木结合的墙面装饰，使简洁的空间更加淡雅清新。

Comment on Design

奢华的欧式古典风格、华丽的水晶吊灯，体现了主人身份和品位。

Comment on Design

简单的空间、黑与白的融合、抽象的图案纹样是简朴与时尚的完美结合。

Comment on Design
一幅色彩明艳的装饰画, 简洁中
透着丰富, 可以带来别样的视觉
感受。

## 小空间以油彩漆墙，创造视觉立体感

　　油漆是最有效的改变家居氛围的材料，一般人以为小空间面积较局促，墙壁一定要刷白才有空间扩大的效果，其实不然，彩墙颜色若挑选适宜，反而能做出深度感，取得拉大空间的视觉效果。以一个长方形空间为例，在远方的墙壁，若涂上较深的颜色，可以缩小空间的长度，将空间整理得较方正。另外小空间切勿用太多布饰，太多花色壁纸、桌巾，累赘又增加造价。

**Comment on Design**
客厅中装饰品的不同的几何元素图案和谐相映，丰富了空间的视觉语言，注入了更多活力。

Comment on Design
灯具的色彩、造型、式样，必须与室内装修和家具的风格相称，彼此呼应。

Comment on Design

红色的组合沙发给人一种激情，并用一块地毯让会话的空间更显紧凑。

Comment on Design
现代感造型的吊灯给规整的空间带来了无限的灯影效果和视觉上的美感。

## 小空间应避免繁复图腾，垂吊灯具可创造视觉焦点

　　小空间应避免繁复图腾或过度张牙舞爪的装饰，但若太过清雅则"自然味"是有了，又未免流于单调。灯具因为其发光的本质，本身就是视觉焦点，多重环绕室内光源也早已转变成现代的以一个中心主灯为主轴的设计理念。焦点垂吊灯是一个迅速营造视觉焦点的省事方法。

Comment on Design
红色花纹图案的布艺沙发给过于简洁的设计风格注入一股温馨的气息。

Comment on Design

客厅墙面的手绘花卉装饰图案使空间增添了浪漫、柔美的气息。

Comment on Design

客厅墙面水墨画的装饰图案，表达了主人对中国传统文化的推崇和喜爱。

Comment on Design
白色调文化石装饰的背景墙与黑色
地毯形成对比, 使客厅更具有艺术
个性和时尚感。

## 小空间的布置应以人为主、以收纳为辅

　　小空间的布置也应以人为主，而以家具收纳为辅。因为空间小，实在没有多余的地方摆那些永远穿不到的衣服与用不到的东西。"我们是因为需要完成操作的功能，才会有家具、收纳的产生，而非需要收纳才做柜子。"这样的观念虽然浅显易懂，但却为多数人所忽视。常会看到有人本末倒置地先以收纳为主，再求家具，只看到围着电视满满的沙发，而忘了哪个位置能够暖洋洋地晒晒太阳、人走进室内回旋其间是否适宜。其实如果设计能以人为本，这样的拥挤实在是可以避免的。

**Comment on Design**

客厅中通过几平方米的咖啡色羊毛地毯，融合了黑、白、红的色调，空间更具凝聚力。

Comment on Design

客厅的墙面对整个室内的装饰及家具起衬托作用，装饰不能过多过滥，应以简洁为好，色调要明亮一些。

Comment on Design

墙面的艺术玻璃与壁纸的造型图案相得益彰,颜色一深一浅、动静有序,使客厅的表情更加丰富。